老年人智能手机使用培训教材

全国老龄工作委员会办公室
中国老龄协会 编

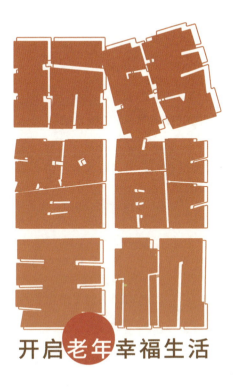

开启老年幸福生活

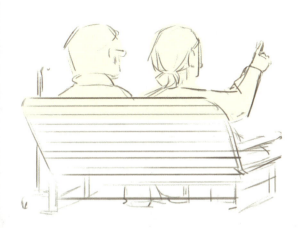

华龄出版社
HUALING PRESS

项目策划：社区部

责任编辑：魏鸿鸣　高志红

责任印制：李未圻

发行总监：郑　奕

渠　　道：张　朋

图书在版编目（CIP）数据

玩转智能手机：开启老年幸福生活／全国老龄工作委员会办公室，中国老龄协会编 .-- 北京：华龄出版社，2021.2

ISBN 978-7-5169-1874-6

Ⅰ.①玩…　Ⅱ.①全…②中…　Ⅲ.①移动电话机—中老年读物　Ⅳ.① TN929.53-49

中国版本图书馆 CIP 数据核字（2021）第 000814 号

书　　名：玩转智能手机——开启老年幸福生活
编　　者：全国老龄工作委员会办公室　中国老龄协会

出版发行：华龄出版社

地　　址：北京市东城区安定门外大街甲 57 号　　　邮　编：100011

电　　话：010-58122255　　　　　　　　　　　传　真：010-84049572

网　　址：http://www.hualingpress.com

印　　刷：北京市大宝装潢印刷有限公司

版　　次：2021 年 3 月第 1 版　　2021 年 9 月第 4 次印刷

开　　本：710mm×1000mm　　1/16　　　　　印　张：11.25

字　　数：132 千字

定　　价：56.00 元

随着我国互联网、大数据、人工智能等信息技术快速发展，智能化服务得到广泛应用，深刻改变了人们的生产生活方式，提高了社会治理和服务效能。但同时，我国老年人口数量庞大且快速增长，不少老年人不会上网、不会使用智能手机，在出行、就医、消费等日常生活中遇到不便，无法充分享受智能化服务带来的便利，老年人面临的"数字鸿沟"问题日益凸显。

为进一步推动解决老年人在运用智能技术方面遇到的困难，2020年11月24日，国务院办公厅印发了《关于切实解决老年人运用智能技术困难的实施方案》，明确"要在政策引导和全社会共同努力下，有效解决老年人在运用智能技术方面遇到的困难，让广大老年人更好地适应并融入智慧社会"。11月30日，全国老龄办印发了《关于开展"智慧助老"行动的通知》，提出编制老年人智能技术运用指南，开发适用老年人的培训教材。

为了让广大老年人跟得上时代的脚步，尽享科技进步的红利，我们组织专家编写了《玩转智能手机——开启老年幸福生活》一书，旨在通过该书让老年人学会使用智能手机，轻松融入智能生活，乐享信息化生活带来的便利。

本书共分为七章，分别是智能手机的基本设置、信息通讯很简单、手机娱乐花样多、手机支付没难度、出行变得很轻松、网购只要动动手、银行业务线上办。每一章根据老年人具体的生活场景，通过"一个操作＋一个图示"的方式，教老年人学会智能手机的基本操作，学会用智能手机娱乐、出行、支付和网购。

本书内容以图为主，手机操作示范清楚明白，适合老年人使用。同时，书中选取了当下各个领域中一些最常用的软件，简单明了地教老年人如何玩转智能手机。我们希望本书能够切实帮助老年人解决在使用智能手机方面遇到的困难，让老年人在数字化发展中同样拥有获得感、幸福感和安全感。

本书在编写过程中得到了很多专家学者的关心支持，在此一并致谢！由于编者水平有限，加之时间仓促，书中难免有误，敬请读者批评指正。

编　者

目录

CONTENTS

第一章　智能手机的基本设置

 如何开启网络

如何开启移动网络

1. 开启移动网络

进入手机主界面，选择"设置"。

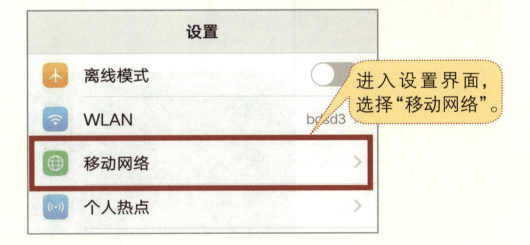

进入设置界面，选择"移动网络"。

进入移动网络界面，打开"数据网络"，移动网络就打开了。

将手机菜单栏打开（手机型号不同，操作方法有差异，一般主屏幕上滑或者下滑都可以），就可以看到网络已经连接了。

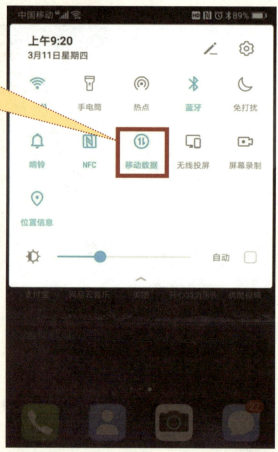

2. 如何开启 Wi-Fi

如何开启 Wi-Fi

打开手机菜单栏，点击"设置"图标。

进入设置界面，打开"WLAN"。

进入后先点开"WLAN"后面的开关。然后手机就会自动搜索附近的无线网络，找到您需要加入的网络，点击。

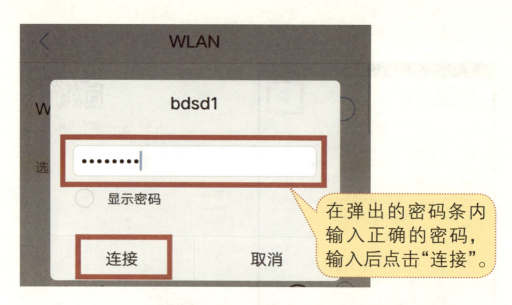

在弹出的密码条内输入正确的密码，输入后点击"连接"。

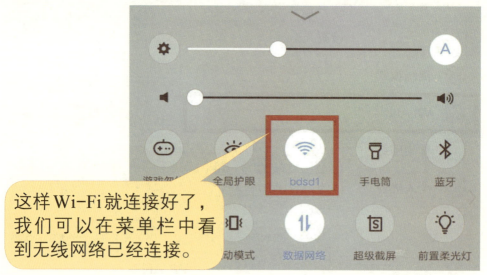

这样Wi-Fi就连接好了，我们可以在菜单栏中看到无线网络已经连接。

注意：不要随意点击陌生人的 Wi-Fi，这样容易泄露手机信息和个人隐私。

？如何下载、安装程序

如何下载安装程序

先确认手机已经联网，然后找到桌面的"应用市场"，点击进入。

在搜索框中输入要下载安装的程序名称。

比如输入抖音，这时程序出现。如果是从未安装过的程序，点"下载"；如果是已安装过的程序，点"更新"。

等待下载安装，安装完毕后显示"打开"，点击"打开"就进入了程序。

在手机桌面会显示刚刚安装好的程序图标，点击即可进入。

如何开启手电筒

如何开启手电筒

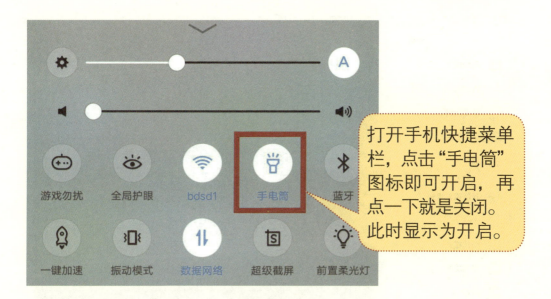

打开手机快捷菜单栏，点击"手电筒"图标即可开启，再点一下就是关闭。此时显示为开启。

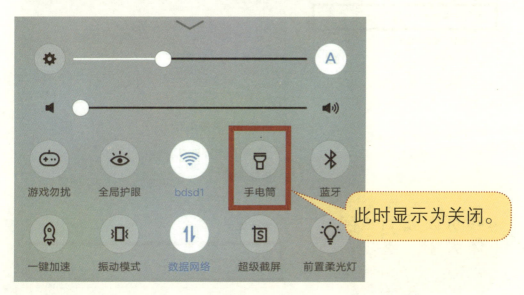

此时显示为关闭。

字体设置

如何调节手机字体

4G+ ‖‖ 0.3K/s	09:07	📶 87% ▭

设置

✈ 离线模式	⬜
📶 WLAN	bdsd3 ›
🌐 移动网络	›
📶 个人热点	›
🟦 蓝牙	已关闭 ›
≣ 状态栏与通知	›
Jovi	›
🌙 勿扰模式	›
😊 游戏勿扰	›
🔊 声音	›
☀ 显示与亮度	›
🎨 锁屏、桌面与壁纸	›

手机桌面点击"设置"进入，在"设置"中找到"显示"（不同型号手机可能位置不一样，需要仔细找一找），点击。

4G+ ‖‖ 0K/s	09:28	📶 82% ▭

‹ **显示与亮度**

屏幕亮度

☀ ———————○————————— ☀

自动调节屏幕亮度　🔵

全局护眼　　　　　　已关闭 ›

字体样式　　　　　　›

字体大小　　　　　　›

在页面找到"字体大小"选项，点击。

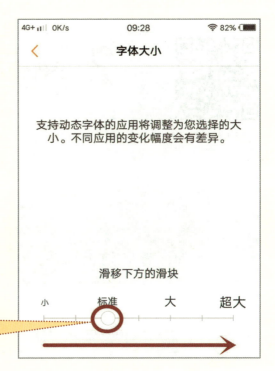

字体大小页面最下面是一个滑动轴，向右拖动可以调大字体，向左拖动可以调小字体。

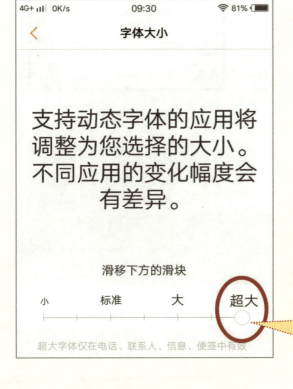

我们把滑动轴调到最右边，在预览区看看效果，满意退出即可。

输入法设置

? 手机输入法怎么换成手写

随意打开一个应用程序，点击输入框，会弹出输入法窗口。

点击"切换"按钮，即可选择输入法的输入状态，如拼音输入、手写输入。

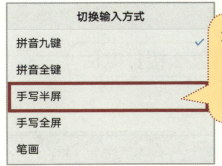

这里我们选择"手写半屏"，即可采用手写的方式输入。

在弹出的页面中（下列红框所示区域）手写文字即可。

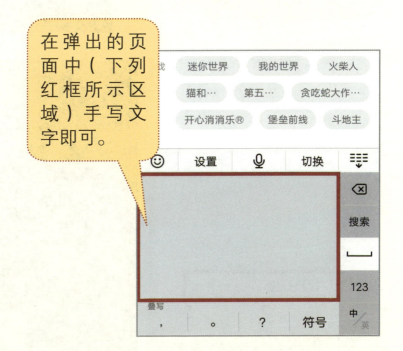

用智能手机接打电话

第二章　信息通讯很简单

? 用智能手机怎么接打电话

手机打开，进入主界面，这个"电话"的图标是打电话的程序。

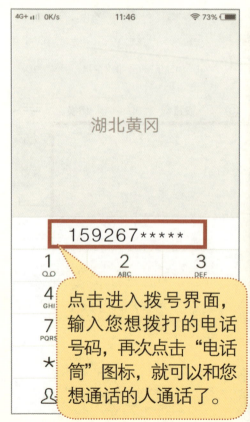

湖北黄冈

159267＊＊＊＊＊

点击进入拨号界面，输入您想拨打的电话号码，再次点击"电话筒"图标，就可以和您想通话的人通话了。

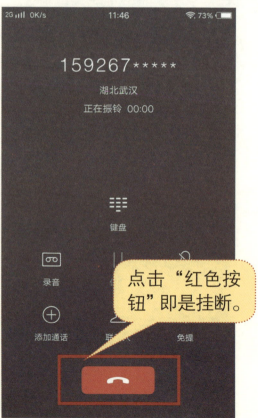

159267＊＊＊＊＊

湖北武汉

正在振铃 00:00

键盘

录音　　　添加通话　　　联系　　　免提

点击"红色按钮"即是挂断。

？用智能手机怎么发短信

用智能手机怎么发短信

在手机桌面找到"信息"的小图标，点击，进入操作页面。

不同的智能手机操作页面表现形式不同，但万变不离其宗，操作页面上都能找到"新建信息"这个按钮。

13

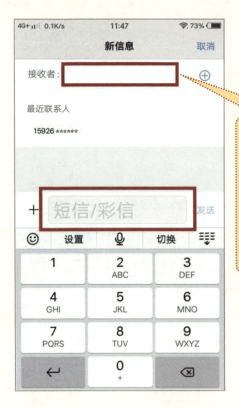

点击"新建信息"后，进入编辑短信页面。在接收者填上收信人的手机号码，或者点旁边的"+"进入手机通讯录，从中找到收信人号码（不同的智能手机大同小异，操作都差不多）。

输入对方手机号码后，在"输入内容"一栏输入想要发送的短信内容。输入完成后点击"发送"即可。

如何添加手机联系人

如何添加手机联系人

打开手机，进入主页面，找到"联系人"快捷图标，点击。

进入"联系人"主界面，右上方的"+"号字样表示添加联系人，点击。

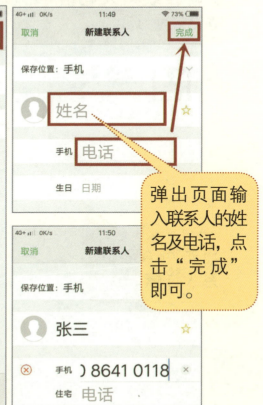

弹出页面输入联系人的姓名及电话，点击"完成"即可。

15

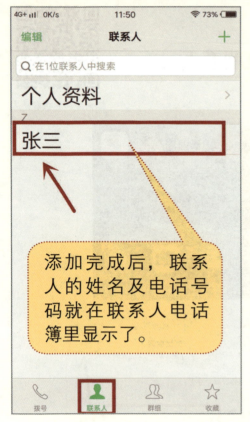

添加完成后，联系人的姓名及电话号码就在联系人电话簿里显示了。

点击可查看联系人详情。

？ 用微信怎么加好友

用微信怎么加好友

打开手机桌面"微信"。

首次登陆微信需注册，点击"注册"。

隐私保护条款点"√"选，然后点"下一步"。

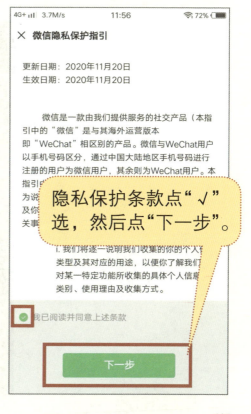

注册页面需填写昵称（给您的微信取个名称，不需要是您的本名）；手机号（本人手机号）；密码（必须是字母＋数字的组合）。填写完之后"勾选"并点击"注册"。

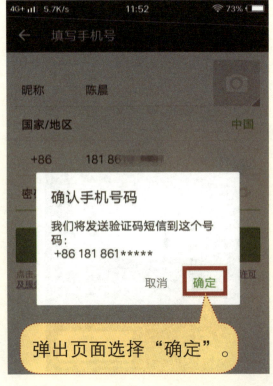

弹出页面选择"确定"。

点击"发送短信"。

进入短信发送页面，直接点击"发送"。

19

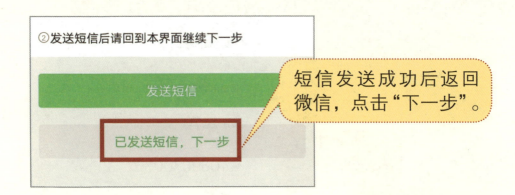

短信发送成功后返回微信，点击"下一步"。

进入微信主页面后，点击右上角位置的添加符号"＋"。

在打开的下拉菜单中，点击"添加朋友"。

进入添加朋友的搜索栏，在这里可以通过微信号、QQ号、手机号三种途径查找好友。

比如输入对方的手机号，点击搜索。

找到对方的信息栏，点击"添加到通讯录"。

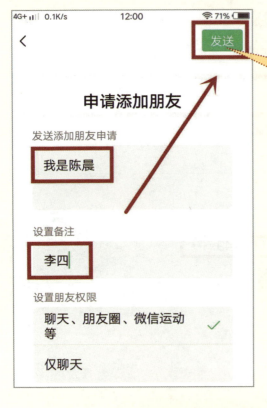

输入验证信息，如果是好友，在验证框中输入自己的姓名方便对方识别，然后可以在"设置备注"里写好对方的名字，最后点击"发送"。

对方接受后，您可以在通讯录中看到的名字。

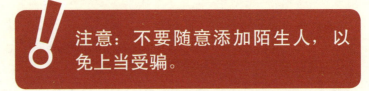

注意：不要随意添加陌生人，以免上当受骗。

❓ 微信电话怎么打

微信电话怎么打

登录微信，在通讯录界面找到您想打电话的好友，点击。

点开好友后，点击"音视频通话"。

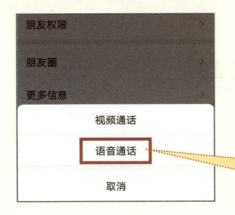

弹出页面可选择是视频通话还是语音通话，我们先点击"语音通话"。

语音通话就开始了。

想要挂断，点击下方的"红色按钮"就可以了。

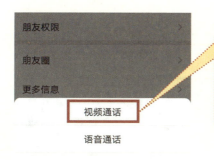

如果想要进行视频通话，返回至刚才的界面，点击"视频通话"。

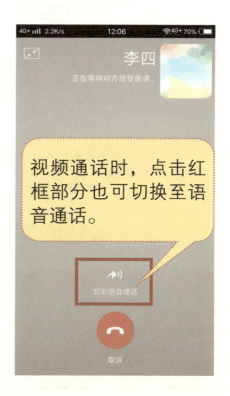

视频通话时，点击红框部分也可切换至语音通话。

当您收到对方发来的微信电话时，点击"绿色按钮"即为接通，点击"红色按钮"即为挂断。

微信电话为什么接不到

? **微信电话为什么接不到**

要及时收到微信电话，建议先将通话通知打开。点击"我"，选择"设置"。

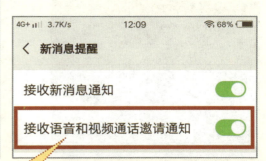

进入设置后，点击"新消息提醒"。

进入新消息提醒后，点击"接收语音和视频通话邀请通知"，这样就可以收到语音和视频通话了。

❓ 微信消息发错了怎么撤回

微信消息发错了
怎么撤回

打开微信应用，然后打开好友列表，进入其中的某一个好友，点击"发消息"，写内容后点击"发送"。

在微信消息框中，先输入自己要发送的微信消息。微信消息发送成功后，按住这条消息不松手，会弹出高级菜单项目，点击"撤回"。

页面会执行消息撤回功能。但需要注意的是，消息只能在两分钟以内才可以撤回。

❓ 用微信怎么发图片和视频

微信发送图片

微信发视频

打开微信与好友的对话页面，点击对话页面右侧"+"。

在弹出页面中点击"相册"。

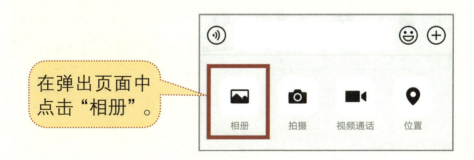

此时出现手机里面的图片和视频。点击您想要发送的图片或视频，小方框变成绿色就代表选上了，确定后点击右上角"发送"就可以了。

如果想要给朋友发即时拍摄的照片或视频，即在聊天页面点击"+"后，点击"拍摄"图标。

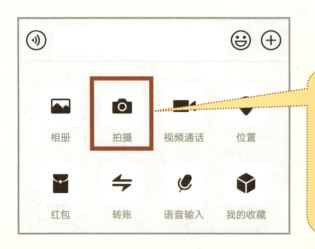

打开相机后，提示为"轻触拍照，长按摄像"。拍摄照片轻轻点一下即可。如果按住不松，即拍摄小视频。

拍摄好后，点击发送即可。

微信怎么发语音消息

？微信怎么发语音消息

打开微信与好友的对话页面，点击左下角的图标（注意这里是点击圆圈图标，不要点到发送消息的横线上）。

点击语音图标后，页面下方编辑信息的横线就变成了一个长框，上面显示"按住说话"四个字。

点击按住说话所在的框不松手，页面就出现语音输入的样式，这时我们就可以说话了（注意这里说话的时候手不能离开"按住说话"那个框）。

当我们说完后，手松开，语音信息就发送出去了。

需要提示大家的是：语音信息一次最多可以发送一分钟，如果要说的话太多，可以分为几句分开发送。说话时如果页面提示"还可以说几秒"，表明语音信息快要到达发送上限了。

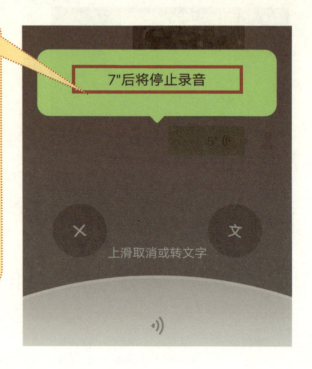

第三章 手机娱乐花样多

微信发朋友圈

如何快速发个漂亮的朋友圈

在手机上点击微信图标，打开微信，进入微信界面，点击下方分类按钮"发现"。

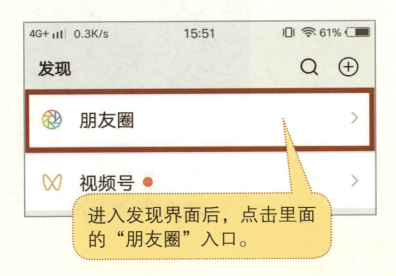

进入发现界面后，点击里面的"朋友圈"入口。

进入朋友圈之后，点击微信界面右上方的"相机"按钮。

弹出下面的窗口后，可以选择拍摄照片或视频，也可以选择从相册添加图片和视频。

点击从相册中选择以往拍摄过的照片。在弹出的手机相册中挑选一张想发在朋友圈分享的照片，点击"确认"。

照片添加完成了。此时在红框处配上您想要晒出的文字。

文字写完后，点击右上角"发表"。

朋友圈就发送成功了。

手机听音乐

？如何用智能手机来听音乐

一般手机会自带音乐软件，也可以在手机"应用市场"中下载音乐软件。这里以手机自带音乐软件为例，首先点开。

进入程序后可以在搜索框中搜索您想要听的音乐名称，也可点击下方页面"每日推荐""歌手""排行""歌单"等进行选择。

比如在搜索框中输入自己想要听的音乐。

系统弹出不同人歌唱的音乐，选择一个自己想听的，系统即开始播放音乐。

若想停止播放，点击"停止"按钮（红框为播放／停止按钮）。

音乐播放有 3 种顺序：随机播放、单曲循环、顺序播放。点击如图按钮，即可切换播放顺序。

如何刷抖音发
自己的作品

❓ 如何刷抖音发自己的作品

在手机"应用商店"下载"抖音"，然后打开应用。

此时会默认进入抖音推荐页面，上下滑动可以浏览视频。

注册一个账号后则可以关注、点赞别人，也可以上传视频。点击页面下方"我"注册账号。

在弹出的注册账号界面，选择本机号码一键登录。也可以选择其他登录方式，比如微信、QQ 等都可以，一键登录即可。

浏览抖音视频最好是在连接 Wi-Fi 的情况下（因为看视频会耗费很多流量）。抖音打开之后，默认是推荐页面，上下滑动可以查看视频，视频会自动播放。也可点击推荐旁边的"关注"，视频会为您推送您关注的内容。

43

下列图标代表的内容：

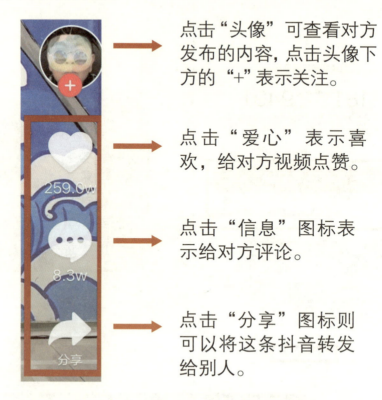

点击"头像"可查看对方发布的内容，点击头像下方的"+"表示关注。

点击"爱心"表示喜欢，给对方视频点赞。

点击"信息"图标表示给对方评论。

点击"分享"图标则可以将这条抖音转发给别人。

1. 如何搜索视频

点击右上角"搜索"按钮。

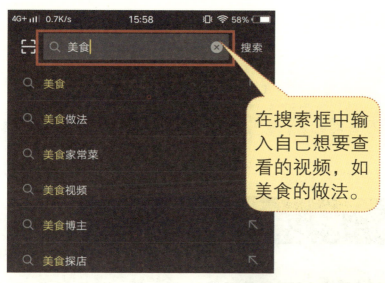

在搜索框中输入自己想要查看的视频，如美食的做法。

下面就弹出各种美食的做法，点击可查看视频。

2. 如何评论别人的视频

点击右侧的"信息"
图标，在弹出的页面
最底部输入内容即可。

3. 如何上传发布抖音作品

首先，点击视频最下面中间的那个"+"
按钮，到达视频拍摄或上传界面。

您可以现场去拍摄视频，或
者上传提前编辑好的视频，
视频时间可以选择 15 秒或者
60 秒。这里以拍摄视频为例，
点击界面下方"红色"按钮
（注意：轻点则是拍摄照片，
按住不松则是拍摄视频）。

拍摄完成后，可以"选择音乐"，添加"文字""贴纸""特效""滤镜"等，完成后选择"下一步"。

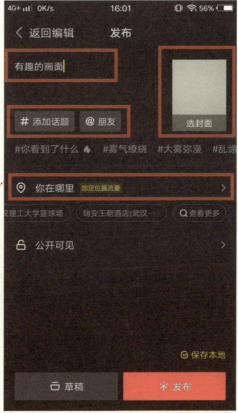

进入到视频上传页面，发布前可以"选封面""添加标题文字""添加话题""@朋友"（提醒好友来看），还可以"添加定位"。确定后点击"发布"即可。

视频发布完成后，
点击即可查看。

也可点击"我"
在主页"作品"
中查看自己发
布的视频。

？如何用智能手机来看视频

手机看视频

目前市面上视频软件有爱奇艺、腾讯视频、芒果TV、央视频等视频观看软件，各软件操作基本相似，功能稍微有点不同。

下面以腾讯视频为例，点击"下载"腾讯视频，打开。

第一次使用需选择登录方式，微信登录、QQ登录或者手机号登录都可以。比如我们用微信登录，点击"同意"即可。

进入后，软件主页面上方有不同的节目类型任您选择，也可以在搜索框中搜索您想看的视频。

搜索框搜索页面如下：

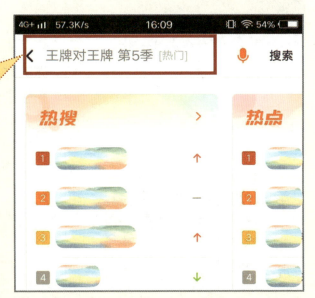

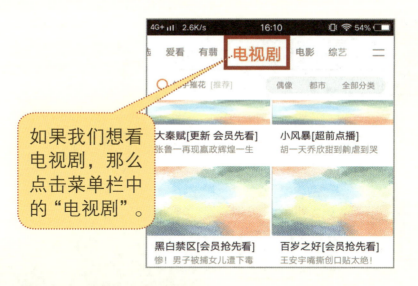

如果我们想看电视剧，那么点击菜单栏中的"电视剧"。

找到合适的电视剧后点击打开，视频右下角有"全屏"标识，点击即可全屏播放。

如果想在手机上看电视，则可以下载"央视频"APP。打开后也可在菜单栏中查找自己想看的节目。

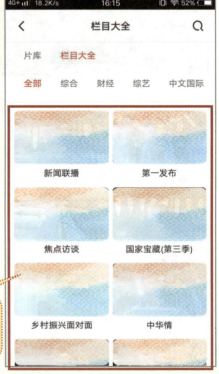

比如点击"央视栏目"，则可以观看央视频道的栏目。

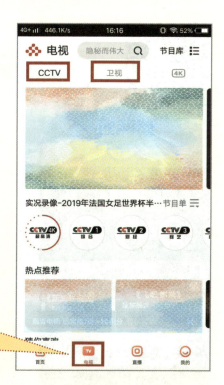

点击主页下方的"电视"，则可以用手机观看电视节目了。

手机听广播

 如何用智能手机听广播

有的手机一般自带收音机，在系统中查找，直接打开就可以听了。但一般手机自带收音机栏目不多，我们也可以下载一些电台软件，比如蜻蜓 FM、考拉 FM、喜马拉雅 FM。

下面以喜马拉雅 FM 为例。首先在手机中下载该软件，打开。

选择本机号码一键登录，进入软件页面。进入软件后可以选择自己喜欢收听的类型，比如"相声评书"。

打开后可以在各种栏目中选择自己喜欢的内容，也可以在搜索框中搜索自己喜爱的节目类型。另外，还可以在最上方栏目滑动切换查找。

比如左滑找到"广播"，可以看到各种广播电台，点击"国家台"。

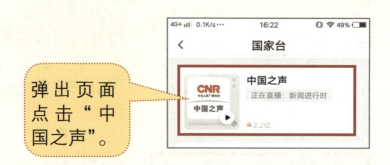

弹出页面点击"中国之声"。

即可收听"中国之声"的广播。

？ 如何用智能手机点外卖

注册美团

先在手机下载点外卖的应用程序，美团或者饿了么都可以，这里下载美团，点击打开。

点击右下角"我的"，注册账号。

注册成功后回到主页，选择您喜欢吃的食物。选择好后点击"去结算"。

在弹出页面点击"新增收货地址"。

美团订餐

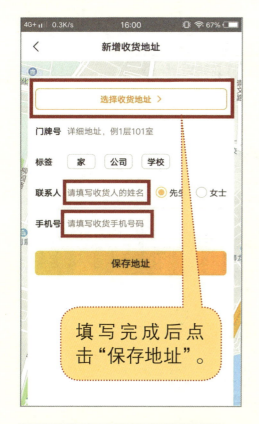

填写完成后点击"保存地址"。

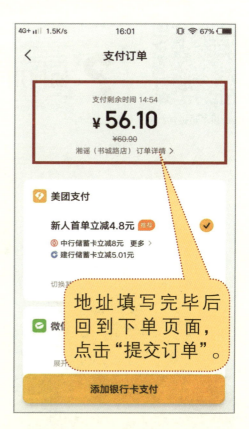

地址填写完毕后回到下单页面，点击"提交订单"。

支付可以选择微信，也可以使用银行卡在线支付。

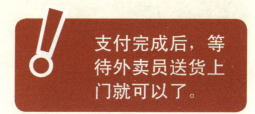

支付完成后，等待外卖员送货上门就可以了。

如何用手机识别花草

? **如何用手机识别花草**

打开支付宝，点击"扫一扫"功能。

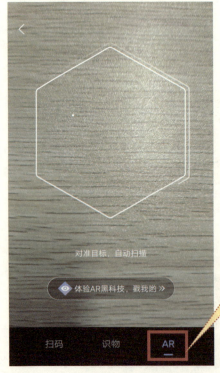

点击"AR"。

拍下需要识别的植物，点击"查看"。

弹出页面点击"同意"。

识别成功，显示出详细信息。

支付宝安装与注册

？支付宝支付前的准备

1. 实名注册

支付宝和微信使用前都需要实名注册认证。以支付宝为例。首先下载并打开，点击"同意"。

选择登录方式时，一般用手机号注册。

在账号中输入手机号，点击"下一步"。

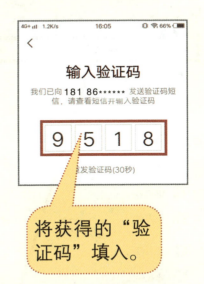

将获得的"验证码"填入。

在弹出页面点击"同意并注册"，支付宝就注册成功了。

登录后点击右下角"我的"，点击"实名认证"。

点击"立即认证"。

弹出页面输入自己的"姓名"和"身份证号"，输入完成后点击"提交"。

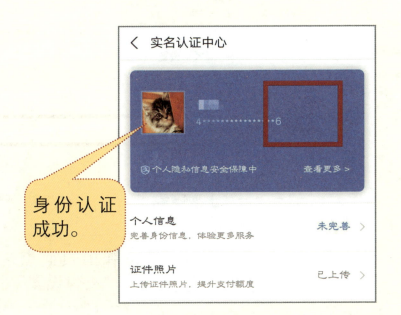

身份认证成功。

身份认证后，还需设置支付密码，点击右上角"设置"图标。

弹出页面点击"支付设置"。

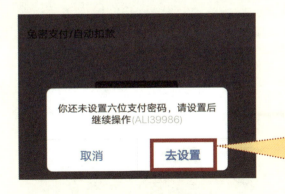

点击"去设置"。在弹出页面输入"6 位数的密码"，先输入第一次。

接着需要进行再次确认，再输入一次刚才的密码。

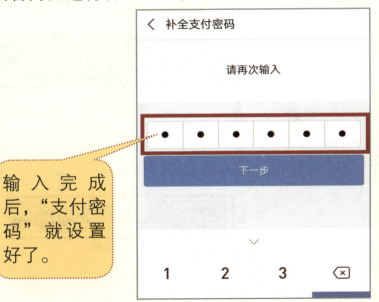

输入完成后，"支付密码"就设置好了。

支付宝绑定银行卡

2. 绑定银行卡

支付宝绑定银行卡需返回支付宝主页面，点击"我的"。

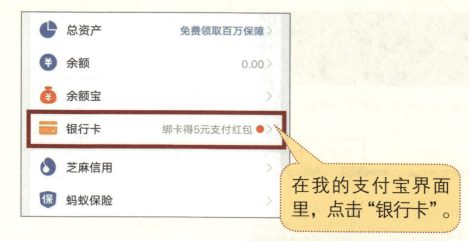

在我的支付宝界面里，点击"银行卡"。

在我的银行卡界面里，点击"立即添加"。

在弹出的页面中点击输入"本人银行卡卡号"，然后点"提交"。

然后在弹出的页面输入"姓名"和"身份证"，点击"同意协议并下一步"。

银行卡就绑定成功了。

微信如何进行
支付设置

微信如何进行支付设置

1. 设置支付密码

打开微信，
点击"我"。

在"我"的界面
点击"支付"。

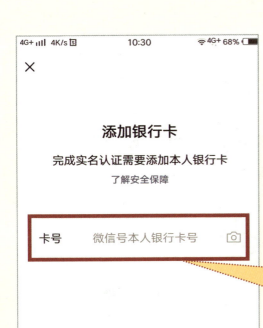

输入自己的银行卡帐号，点击"下一步"。

在弹出页面进行设置，输入六位数"支付密码"即可。

71

2. 实名认证

同样打开微信 APP，点击"我"，在"我"里面找到"支付"，点击右上角的"…"图标，进入"支付管理"。

点击"实名认证"，开启认证（操作方式与支付宝类似）。

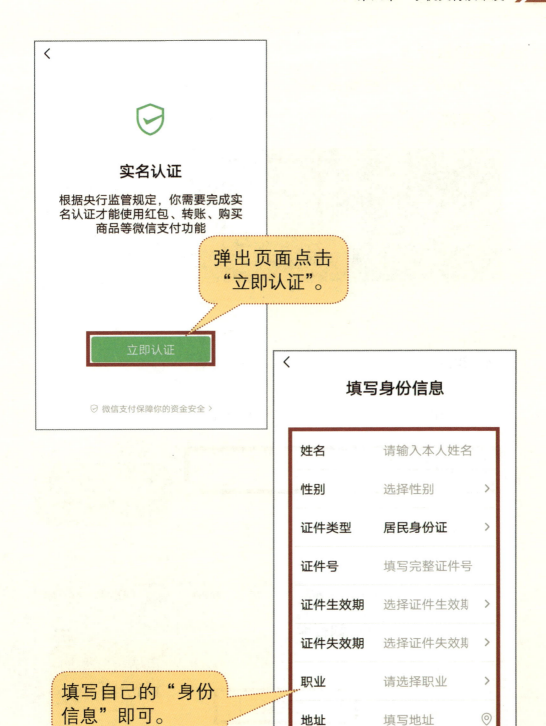

实名认证

根据央行监管规定，你需要完成实名认证才能使用红包、转账、购买商品等微信支付功能

弹出页面点击"立即认证"。

立即认证

微信支付保障你的资金安全

填写身份信息

姓名	请输入本人姓名
性别	选择性别
证件类型	居民身份证
证件号	填写完整证件号
证件生效期	选择证件生效期
证件失效期	选择证件失效期
职业	请选择职业
地址	填写地址

填写自己的"身份信息"即可。

3. 添加银行卡

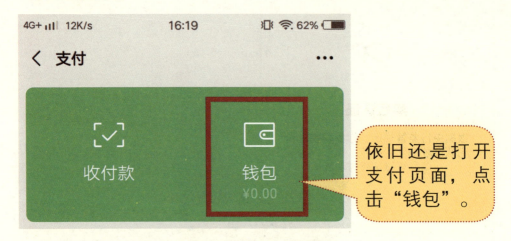

依旧还是打开支付页面，点击"钱包"。

然后点击"银行卡"。

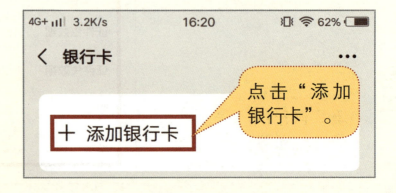

点击"添加银行卡"。

输入"本人银行卡号",然后点击"下一步"。

在弹出页面填写"持卡人信息"。

绑定成功。

4. 修改支付密码

打开微信，点击"我"，在"我"里面找到"支付"，点击进入"支付管理"。

这里可以修改自己的"支付密码"。如果记得密码就点击"修改支付密码"进行重新设置，如果忘记了就点击"忘记支付密码"。

弹出页面会要求进行验证，成功以后就修改好了。

微信付款、收款

？ 如何用微信、支付宝付款、收款

支付宝、微信付款、收款操作类似，下面以微信为例。

1. 付款

> 首先打开手机微信，点击手机右上角的"+"。

> 在跳出的下拉框点击"扫一扫"。拿起手机对准对方的微信二维码扫一扫。

在跳出的界面输入支付金额，点击"付款"键。

在跳出的界面中输入自己设置好的六位数"支付密码"。

输入"支付密码"后，支付成功。可以在"微信支付"中查看自己的付款记录。

提示：支付宝付款"扫一扫"的入口在主页左上角，其余操作与微信类似。

2. 收款

打开"微信"界面，点击右上角的"+"，选择"收付款"。

在收付款界面点击"二维码收款"按钮进入到二维码收款界面。这里可以"设置金额""保存收款码"，也可以点击右上角按钮，设置"开启收款到账语音提醒"。

提示：支付宝收款码位于主页面上方，如图所示：其他操作方式与微信类似。

 注意：扫码支付时一定要确认对方是否是您支付的对象，不要付款给其他人了。

微信发红包、抢红包

? 微信如何发红包、抢红包

1. 发红包

首先打开与好友的微信聊天页面，点开对话栏右下方的"+"。

找到"红包"选项，点击进入"发红包"页面。

此时，需要您输入"支付密码"以及选择"支付方式"。

编辑单个红包金额后，任意输入所需要的"留言"，点击"塞钱进红包"。

完成后在聊天栏中便可以看到自己所发的红包了，接下来就是等待好友领取红包了。

2. 抢红包

当有人发红包时，点击"红包"。

点击"开"就拆了红包。

拆开红包，就可以看到您抢到多少钱了。

如何查看支付记录

？ 如何查看支付记录

使用微信支付的朋友可以先登录微信，依次点击"我的－支付－钱包"。

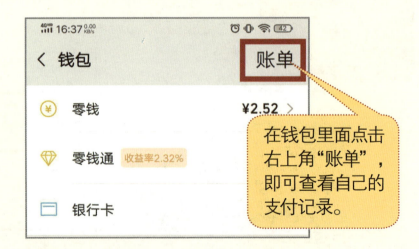

在钱包里面点击右上角"账单"，即可查看自己的支付记录。

弹出页面就是最近的所有支付记录，包括"红包""消费""转账"等。

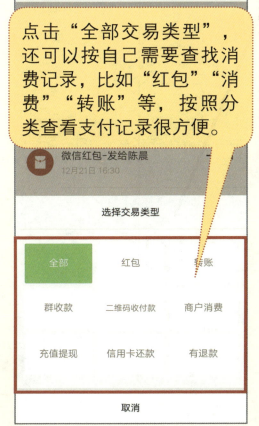

点击"全部交易类型"，还可以按自己需要查找消费记录，比如"红包""消费""转账"等，按照分类查看支付记录很方便。

还可以点击"图示的日历"按照时间筛选。

87

提示：支付宝用户则可以在"我的"页面中点击"账单"查看支付记录。

**微信、支付宝里的余额
怎么充值和提现**

微信充值和提现

1. 充值

以微信为例，首先进入支付页面，点击"钱包"。

弹出页面可显示"我的零钱"。

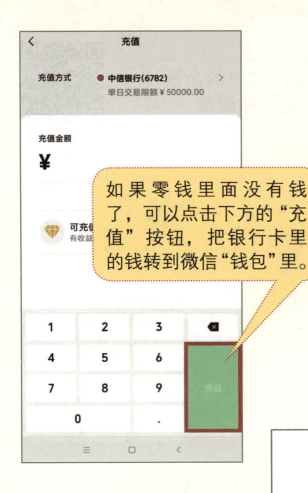

如果零钱里面没有钱了，可以点击下方的"充值"按钮，把银行卡里的钱转到微信"钱包"里。

步骤是首先选择一张银行卡，输入"充值金额"，输入"支付密码"，点击"下一步"。

"充值成功"则表示钱从银行卡转到了微信"钱包"里。

2. 提现

零钱明细

¥

我的零钱

¥12.52

免费开通零钱通 给自己加加薪

充值

提现

> 同样，如果想要提现的话，可以点击"提现"按钮。

零钱提现 ...

到账银行卡 🔴 中信银行(6782) >
2小时内到账

提现金额

¥10

当前零钱余额11.00元，全部提现

1	2	3	⌫
4	5	6	
7	8	9	提现
	0	.	

> 进入提现界面，输入要提现的"金额"，选择"到账银行卡"，点击"提现"。

输入"支付密码"，即可完成提现。此时微信钱包里的钱就转到了银行卡里。

提现一般到账时间不会很长。

到账成功后"微信支付"可以查到"交易记录"。

提示：支付宝充值提现在"我的"里面点击"余额"即可找到。

用支付宝充话费

？如何用手机充话费

1. 用支付宝充话费

打开支付宝，在首页选择"全部"。

在"便民生活"里找到"充值中心"。

充值中心可以"充话费""充流量""生活缴费"等。如选择"充话费"，点击"充值金额"。

选择付款方式，点击"立即付款"即可。

2. 用微信充话费

打开微信，点击"我"，选择"支付"。

用微信充话费

点击"手机充值"。

输入要充值的"手机号码",选择要充值的"金额"。

选择"支付方式",输入密码,完成付款就可以了。

滴滴打车安装与注册

第五章　出行变得很轻松

？如何用智能手机打车

现在手机打车软件很多，基本大同小异。这里以"滴滴出行"为例。下载"滴滴出行"，打开。

手机号登录注册。

滴滴打车使用方法

一般情况下，需要您开启"定位系统"，系统可以自动定位您的位置。当然，您也可以自己选择上车的位置。

打车您要提前设置好从哪里上车，在哪里下车。

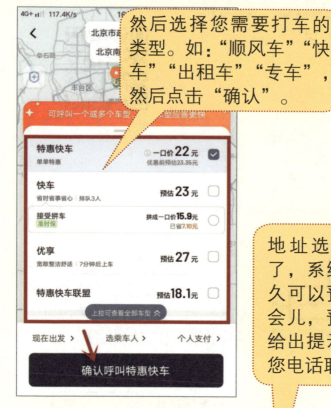

然后选择您需要打车的类型。如："顺风车""快车""出租车""专车"，然后点击"确认"。

地址选好后就可以约车了，系统会提示您大概多久可以预约到车。等待一会儿，预约成功后系统会给出提示。司机一般会跟您电话联系。

每次打车成功或者支付都会有短信提示。

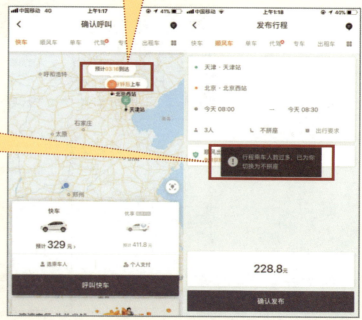

❓ 如何用智能手机坐地铁、公交

如何用智能手机
坐地铁、公交

使用云闪付乘坐地铁公交，需先在应用商城中搜索"银联云闪付"，安装第一个 APP。

进行注册，可使用"本机号注册"。

输入真实姓名和证件号码，进入"安全验证"，之后设置登录密码。

进入首页，点击"卡管理"，绑定银行卡。

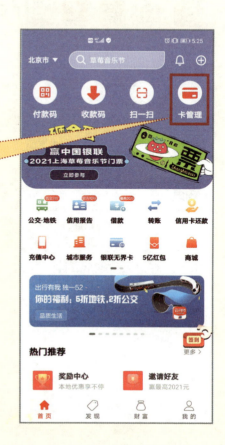

点击"添卡"。

输入银行卡号，
添加银行卡。

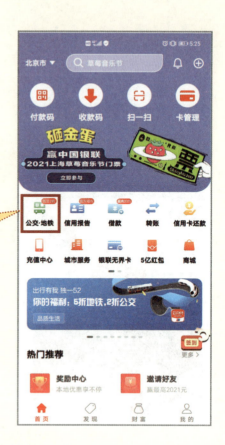

点击"公交、地铁"，首次使用时需开通"无感支付"。

勾选"阅读并同意《乘车码申请须知》"，点击"立即开通"。

点击这里可切换"去乘地铁"或"去乘公交"。

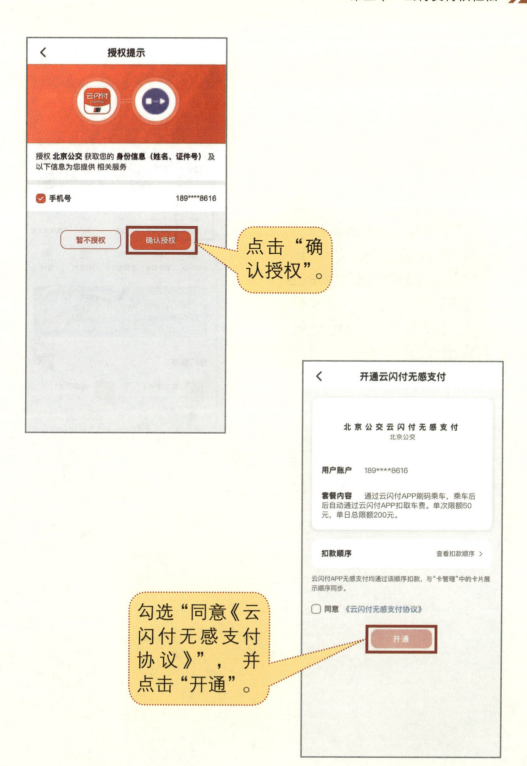

授权提示

授权 **北京公交** 获取您的 **身份信息（姓名、证件号）** 及以下信息为您提供 相关服务

☑ 手机号　　　　　　　　189****8616

暂不授权　　确认授权

点击"确认授权"。

开通云闪付无感支付

北 京 公 交 云 闪 付 无 感 支 付
北京公交

用户账户　189****8616

套餐内容　通过云闪付APP刷码乘车，乘车后后自动通过云闪付APP扣取车费。单次限额50元，单日总限额200元。

扣款顺序　　　　　　　　查看扣款顺序 ＞

云闪付APP无感支付均通过该顺序扣款，与"卡管理"中的卡片展示顺序同步。

☐ 同意 《云闪付无感支付协议》

开通

勾选"同意《云闪付无感支付协议》"，并点击"开通"。

105

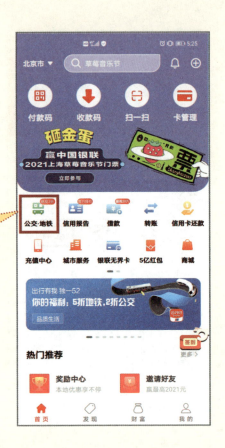

下次乘坐公交地铁时，只需点击"公交·地铁"，就会显示乘车二维码，在当地地铁或公交闸口扫描，即可进站或出站了。

？如何用智能手机查公交信息

如何用智能手机
查公交信息

智能手机查询公交信息
的方式有很多种，现在
我们介绍用微信小程序
查询的方法。首先打开
微信，点击"搜索"框。

在搜索框中输入
"公交查询"，
点击"搜一搜"。

然后在弹出的页面中点击"腾讯实时公交"。

获取位置页面点击"允许"。一般手机会自动定位到您所在的城市。

在弹出来的界面中，左上角会显示您所在的城市，如果位置不对，也可以自己选择。点击下方"路线"，可以搜索查询。

在弹出页面输入自己的"起点"和"目的地"，就可以查询公交地铁线路了。

❓ 如何用智能手机导航

使用高德地图

手机地图导航工具常用的有百度地图、高德地图，两者操作基本相似。我们以高德地图为例。首先下载安装高德地图，点击"打开"。

进入主页面，点击"同意"。

打开 APP 后，可以在下方的搜索栏中输入目的地的"地址"。

输入"地址"后从搜索到的地址列表中选取正确的地址。

地址选择完毕后，最上角可以查看地址是否正确，不正确可以重新选择。菜单栏可以选择导航方式："驾车""打车""公交地铁"等。地图会列出几条路线供用户选择，你可以选择地图结合路况信息智能推荐的路线。

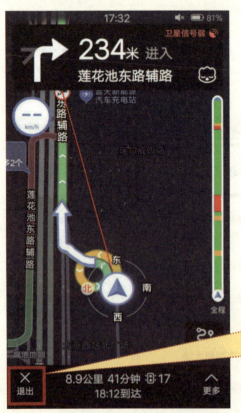

导航开始后，地图会按选择的路线引导用户抵达目的地，并随时提醒实时的路况信息。

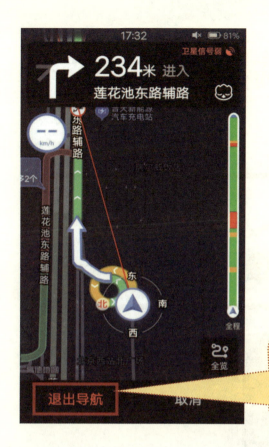

想要退出，点击左下角退出按钮，选择"退出导航"即可。

12306 安装与注册

❓ 如何用智能手机买火车票

在"应用市场"搜索 12306，点击"铁路 12306"右侧的"安装"，将软件安装在手机上。

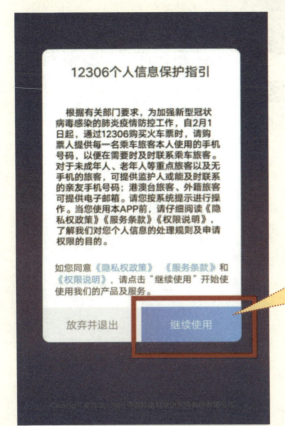

打开后进入主页面，点击"继续使用"。

进入软件以后，点击右下角"我的"，在出现的页面中点击上方的"登录"，登录个人 12306 帐户。

如果是新用户，可以点击登录下方的"注册"，使用身份证号注册帐户。

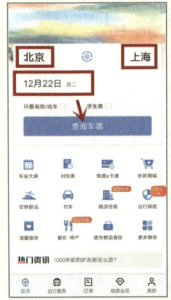

登录后，进入"首页"，点击"北京""上海"，可以更换乘车站与到达站，搜索选择车站时，可以输入车站的拼音首字母，就能出现同拼音字母的相关站点，在下面选择适合自己乘坐车次的站点，点击即可。

12306 订票流程

选择好后点击"查询车票"，如果想要查看车票类型，可以点击下方的"筛选"。

在弹出页面，可以选择"车次类型""出发车站""到达车站"等。

确定出行日期、出发站和到达站后，点击一下。

弹出页面点击
"确定"。

弹出页面查看车票，
点击"选择乘客"。

选择乘车人，勾选姓名前的"方框"即可，还可以添加随行儿童。

最后确认一下乘车的车次、时间、乘车人等，确认后点击"提交订单"。

选择支付方式，支付即可。注意需要在 30 分钟内完成支付，超过时间车票会被系统自动释放。

 如何用智能手机买门票、订酒店

如何订景区门票

智能手机买门票、订酒店可以下载安装一个旅行平台软件，如携程、去哪儿等。下面以携程为例，首先在手机里下载安装，点击"打开"。菜单栏中有各种选择，"酒店""机票""火车票""旅游""攻略/景点"等。

首先点击"景点"，然后选择"城市"（一般系统会自动定位到您所在的城市）。在各种景点中选择您想去的地方，比如东方明珠，点击进入预订页面。

进入页面后可查看景点的相关信息，确定无误后点击"立即预订"。

在弹出的页面选择出行的"日期"，用手机号登录预定。

选择好后，点击"登录并预订"。

在弹出的页面中确认信息无误后点击"去支付"。

支付方式有多种选择，注意必须在 120 分钟内完成支付，否则订单将会取消。

如何订酒店

如果想要订酒店，可以回到主界面，点击"酒店"。

输入"位置"，选择"入住时间"，点击"查询"。

点击需入住的"酒店"。

选择想要入住的"房型"。

输入预订"时间""房间数""住客姓名""手机号码"等信息，点击"提交订单"。

？如何用智能手机挂号看病

如何用智能手机
挂号看病

打开手机微信，依次点击右下角的"我""支付"，进入支付页面。点击"城市服务"。

点击"腾讯健康挂号平台"。

进入页面后，点击"预约挂号"。

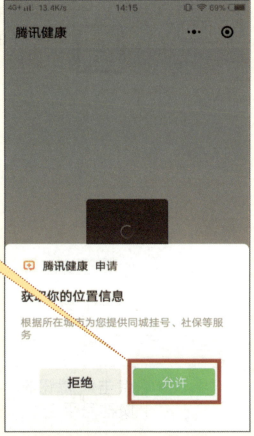

弹出页面，点击"允许"。

在预约挂号页面可以点击"搜索"，也可以点击菜单栏中"按科室""按疾病"等挂号。

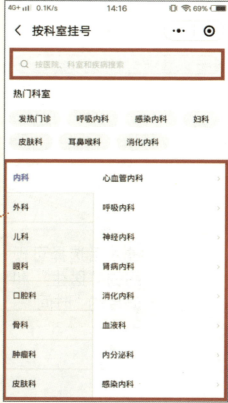

选择"按科室挂号"，找到自己要挂号的科室。

如想挂"消化内科",选择相应的"门诊科室"。

进入后选择可预约的"医生"和适合的"时间"。

选择"预约时间段"。

弹出页面"点击预约"。

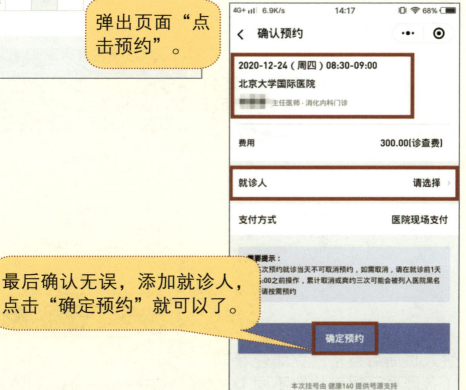

最后确认无误，添加就诊人，点击"确定预约"就可以了。

？如何用智能手机申请、使用健康码

如何用智能手机
申请、使用健康码

首先打开支付宝，在主页面找到"健康码"。

进入页面后点击"立即查看"（各地显示界面均有不同）。

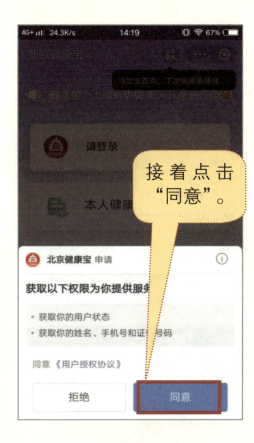

接着点击"同意"。

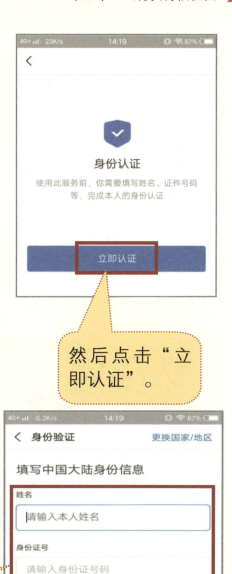

然后点击"立即认证"。

在弹出的页面输入"本人姓名"和"身份证号"，点击"提交"，进行身份验证。

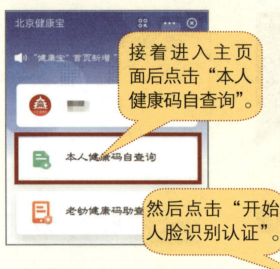

接着进入主页面后点击"本人健康码自查询"。

然后点击"开始人脸识别认证"。

点击"同意并认证"。

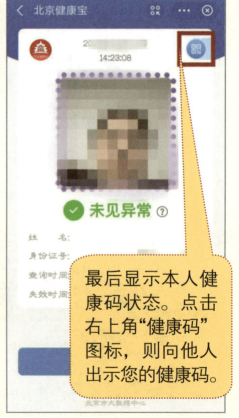

最后显示本人健康码状态。点击右上角"健康码"图标，则向他人出示您的健康码。

❓ 如何用智能手机申请、使用行程卡

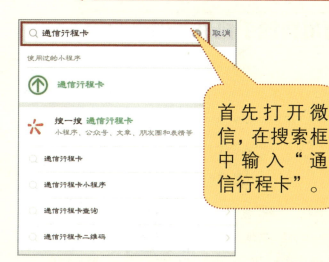

如何用智能手机
申请、使用行程卡

首先打开微信，在搜索框中输入"通信行程卡"。

点击通信行程卡微信小程序，在弹出页面输入"手机号"和"验证码"，勾选左侧的方框，点击"查询"。

弹出页面就会显示您本人前14天到过的所有地市信息。

135

淘宝安装注册

第六章　网购只要动动手

？如何用智能手机进行网络购物

手机网购的软件有很多，比如淘宝、京东、拼多多等，其基本操作大同小异，下面我们以淘宝为例。
首先打开淘宝网，登录。

点击支付宝"立即登录"，这样付款时会直接用支付宝来支付。

手机淘宝购物

然后进入主页面，在搜索框中"搜索"自己想买的物品。

搜索页面会显示有很多同类商品，仔细查看后挑选一个您喜欢的。

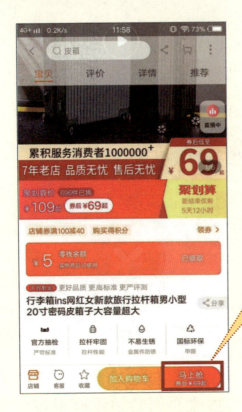

查看完成后如果满意，可以直接点击后"下单"。

然后在弹出页面选择自己需要物品的尺寸。有的物品会有优惠券，选择好后可以点击"抢券"。

在弹出页面按照提示首先"填写收货地址"。

收货地址需写明"收货人""手机号码""详细地址"。

完成填写后，点击"保存"。

填写完成后，点击"提交订单"。

最后点击"付款"即可。这样淘宝支付就成功了。

? 如何用智能手机查网购物流

如何用智能手机
查网购物流

查网络物流的方式
有很多种，下面介
绍如何用支付宝查
快递单号。
首先打开支付宝，在
主界面点击"全部"。

进入全部页
面，在下方
找到"我的
快递"选项。

"同意授权"后，这里就可以看到支付宝绑定手机号显示的物流信息。

如果想查其他的快递，可以直接输入"快递单号"。

在输入框中输入快递单号，点击"查询"。

系统会显示查询到的信息。

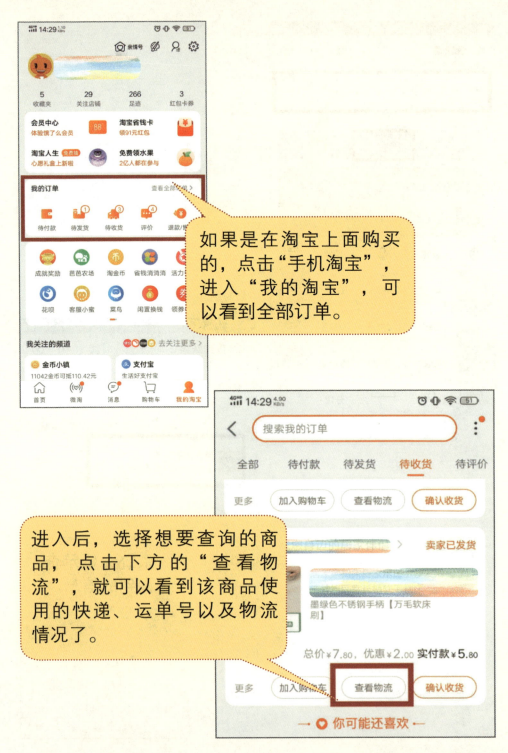

如果是在淘宝上面购买的，点击"手机淘宝"，进入"我的淘宝"，可以看到全部订单。

进入后，选择想要查询的商品，点击下方的"查看物流"，就可以看到该商品使用的快递、运单号以及物流情况了。

手机淘宝退货

? 东西不满意怎么退货

在手机淘宝我的淘宝界面，找到并点击"我的订单"选项。

进入订单详情页面后，找到并点击"退款"选项。

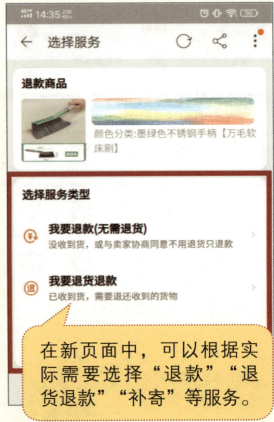

在新页面中，可以根据实际需要选择"退款""退货退款""补寄"等服务。

然后在申请退款界面点击"退款原因"，之后点击"提交"申请。

此时等待卖家同意退货申请，卖家同意后将物品寄回去，卖家收到货后钱就会退回到您的支付宝账户。

怎么样给商家好评

？ 怎么样给商家好评

打开淘宝，在我的淘宝界面找到"我的订单"。

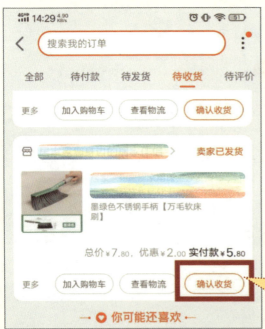

给商家好评需要确认收货。选择想要给好评的商品，点击"确认收货"。

148

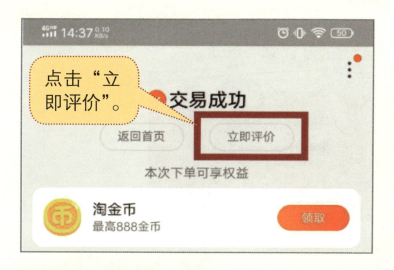

点击"立即评价"。

在发表评价页面，点击"好评"，然后填写我们想说的内容，最后点亮5颗小星星，点击"发布"。

好评就写完了。

网购如何联系卖家

网购如何联系卖家

在淘宝中，点击进入购物页面，查找自己要购买的商品。

当我们想要购买某件商品时，进入该商品页面。左下角"客服"按钮即可与商家联系。

进入客服对话窗口后，点击该页面下方的"文本框"则可输入您想要了解的信息。

？ 如何查询网购记录

如何查询网购记录

打开淘宝，找到"我的订单"。

点击"我的订单"，这里可以直接看到全部的订单记录。

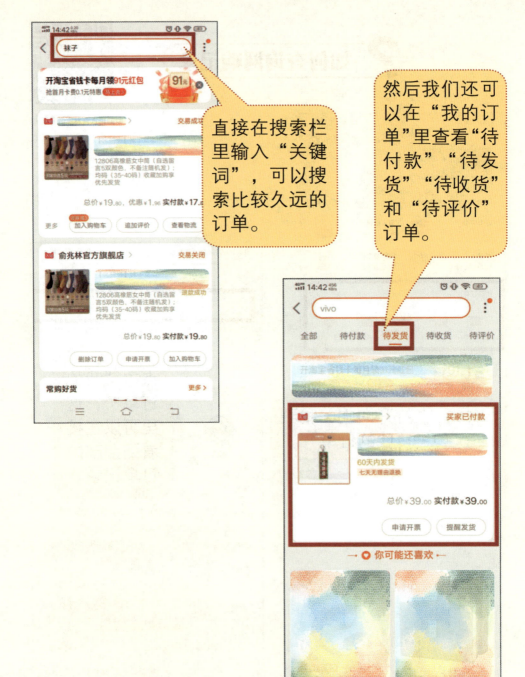

直接在搜索栏里输入"关键词"，可以搜索比较久远的订单。

然后我们还可以在"我的订单"里查看"待付款""待发货""待收货"和"待评价"订单。

第七章　银行业务线上办

❓手机银行 APP 下载注册及版本切换

1. 下载安装

> 在"应用商店"中，
> 搜索"银行名称"，
> 输入"银行名称"。

<   🔍 中信银行   ✕   ↓

中信银行
↓ 6667.6万 ｜ 129.5M
中信银行官方　中信银行手机银行

【安装】

> 点击"安
> 装"。

2. 用户注册

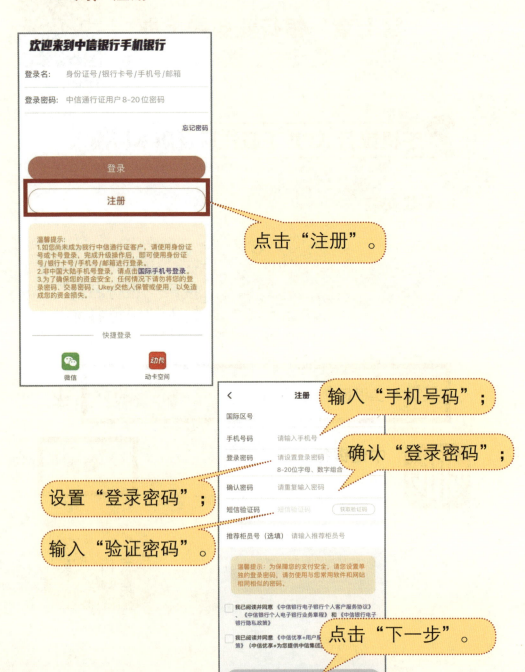

点击"注册"。

输入"手机号码";

确认"登录密码";

设置"登录密码";

输入"验证密码"。

点击"下一步"。

3. 版本切换

点击"版本切换"。

选择"幸福 + 版切换"。

版本切换：点击"我的"首页导航栏 – 版本切换按钮，即可跳转至手机银行版本切换界面，用户可向左 / 右滑动，切换为银行专为老年客户开发的专属版本。

账户及资产查询

？账户及资产查询

1. 查询资产

点击"小眼睛"，就可以看到总资产了。

登录账户后，点击闭上的"小眼睛"，"小眼睛"会显示睁开状态时，即可显示客户的总资产和最新收益数据。

点击"进入"，可以查看各类资产的持仓和收益明细。

在手机银行查询总资产时，屏幕上会显示星号，隐藏了总资产数额。

2. 账户变动随时掌握

点击"账户"。

点击"交易明细"。

投资理财产品购买

投资理财产品购买

1. 直接搜索产品

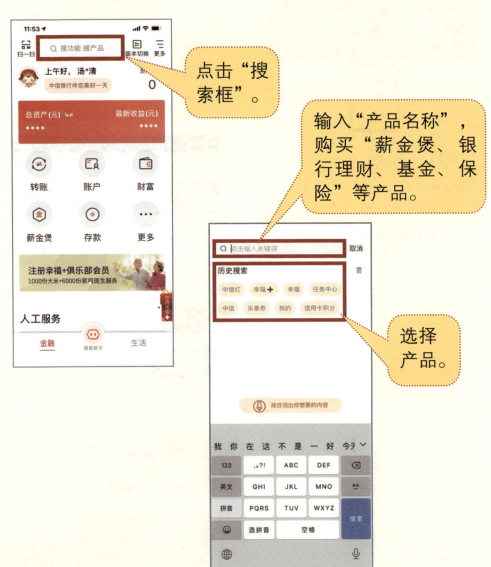

点击"搜索框"。

输入"产品名称"，购买"薪金煲、银行理财、基金、保险"等产品。

选择产品。

点击"产品说明"，详细了解产品要素。

点击"预约购买"。

2. 订单购买

登陆"手机银行"，点击"新消息"。

点击"我的订单"。

点击"购买"。

3. 订单购买

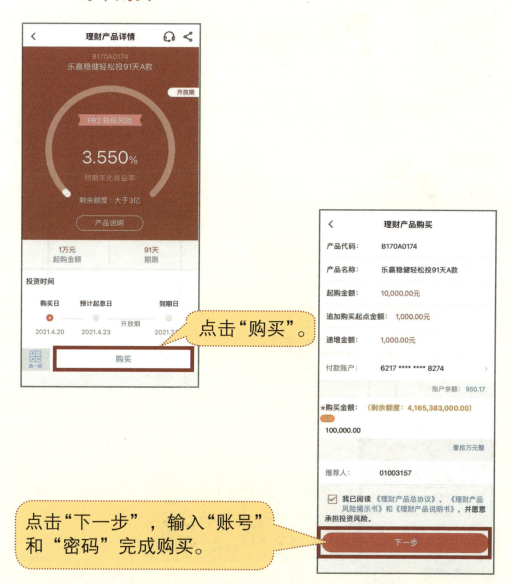

点击"购买"。

点击"下一步"，输入"账号"和"密码"完成购买。

温馨提示：在购买理财产品前，一定要仔细阅读风险提示文件！

权益兑换及专属
客户服务

权益兑换及专属客户服务

1. 权益兑换

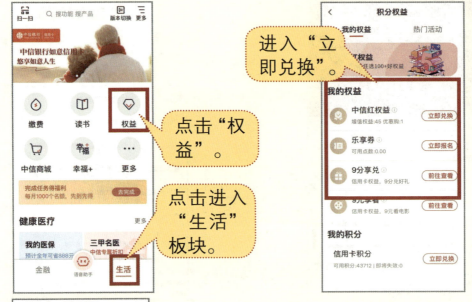

点击"权益"。

点击进入"生活"板块。

进入"立即兑换"。

"出行""洗护""餐饮""健康"等众多权益和服务随心领。

温馨提示：丰富多彩的权益和服务，你兑换到了吗？

2. 专属客户服务

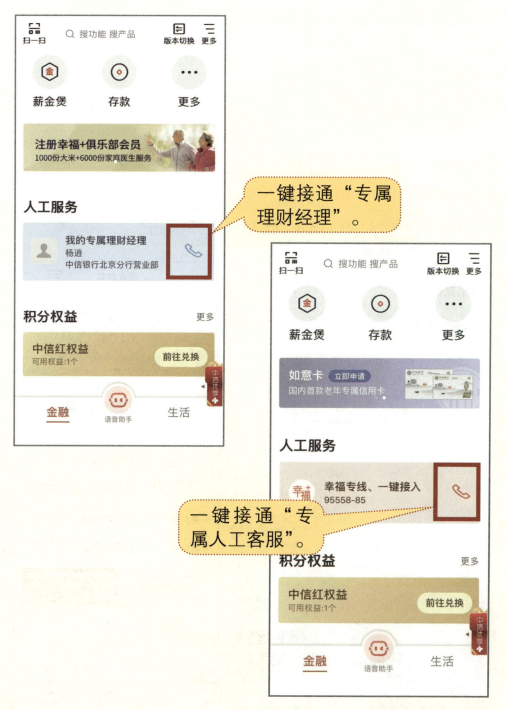

一键接通"专属理财经理"。

一键接通"专属人工客服"。

3. 网点预约取号

你也可以点击"更多"，选择其他网点。

点击"立即预约"。

点击"选择预约时间"并"取号"。

编后记

数字时代的到来，让我们的生活愈发便利，只需一部小小的手机，就可以解决很多问题。然而，在我们享受信息科技带来的便利时可曾发现，此时我们的父母、长辈有些无所适从？而忙碌的我们，却时常忽略了父母的无助。

老年人是全社会的宝贵财富，面对高速发展的信息时代，如何让科技进步与长者的美好生活相融合，让更多的老年人充分享受智能生活的便利是我们大家都应关注和为之努力的。

本书旨在通过图文并茂、简单易懂的表述，配合视频演示，帮助老年人了解常用手机软件的使用。为了更快更好地服务老年读者，我们对数万名老年客户进行了充分调研，并配合图书内容录制了 56 个通俗易懂的短视频，使图书更加贴近老年人的需求。

尊老为德，敬老为善，助老为乐，爱老为美。愿每一位长者都能够享受智能生活带来的便利。